聪明的
孩子爱提问

为什么会有白天和黑夜？

[西班牙] 马塞洛·马赞蒂 | 著

[西班牙] 大卫·阿鲁米 | 绘　杨子莹 | 译

中信出版集团 | 北京

图书在版编目（CIP）数据

为什么会有白天和黑夜？/（西）马塞洛·马赞蒂著；
（西）大卫·阿鲁米绘；杨子莹译. -- 北京：中信出版
社，2023.7
（聪明的孩子爱提问）
ISBN 978-7-5217-5699-9

Ⅰ.①为… Ⅱ.①马… ②大… ③杨… Ⅲ.①地球 -
儿童读物 Ⅳ.① P183-49

中国国家版本馆 CIP 数据核字（2023）第 078447 号

为什么会有白天和黑夜？
（聪明的孩子爱提问）

著　者：[西班牙]马塞洛·马赞蒂
绘　者：[西班牙]大卫·阿鲁米
译　者：杨子莹
出版发行：中信出版集团股份有限公司
　　　　　（北京市朝阳区东三环北路27号嘉铭中心　邮编　100020）
承 印 者：北京盛通印刷股份有限公司

开　本：720mm×970mm　1/16　　　印　张：4　　　字　数：50千字
版　次：2023年7月第1版　　　　　　印　次：2023年7月第1次印刷
京权图字：01-2023-0445
书　　号：ISBN 978-7-5217-5699-9
定　价：79.00元（全5册）

出　　品：中信儿童书店
图书策划：好奇岛
策划编辑：明立庆
责任编辑：李跃娜　　　营　销：中信童书营销中心
封面设计：韩莹莹　　　内文排版：王莹

目 录

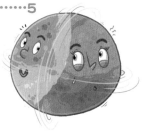

为什么会有
白天和黑夜?

再等上半圈儿,
我就要去晒
太阳了……

地球绕着太阳**公转**,也绕着地轴**自转**,就像一个陀螺一样。地球自转一圈,是"**一天**"的时间。地球自转时,面向太阳的一面是白天,背向太阳的一面是黑夜。

为什么夏天天黑得比较晚？
冬天天黑得比较早？

你有没有发现，夏天总是很晚才天黑？这是因为地球绕太阳运行的轨道不是圆形的，而是 _____ 的（像鸡蛋那样）。夏天由于我们所处的北半球光照时间长，白天也就长。冬天与夏天相反，白天短，黑夜长。

今天的黑夜是最短的。

太好啦！今晚我们可以少睡会儿觉。

为什么会有
季节变化？

太阳不仅向我们提供光，还提供热量。地球上各个地方受到的**太阳光照**不一样，接收到的太阳的**热量**也不同，于是就有了季节变化。冬天时光照时间就很短，获得的热量比较少，所以我们会觉得很冷，必须把自己裹得严严实实的。

世界各地的季节
变化都相同吗?

不相同。有些地区有春夏秋冬, 四季分明, 比如我国的北方地区。有些地区则没有春夏秋冬, 四季不分明, 例如南亚地区, 终年高温, 一年分为雨季和旱季, 雨季降雨集中, 旱季干旱少雨。

我看恐怕是
要下雨了。

为什么全球各地的气候不同？

一个地方的气候会受到**好多因素**影响。比如由于接收到的**太阳热量**不同，南极和北极地区很寒冷，而热带地区则很炎热。其他一些因素也很重要，比如这个地方的海拔高度（越高越冷）、离大海的远近、是否有风……

好哇！我们总算不在北极了。

真的吗？

海洋也有季节变化吗？

是的。只是我们没那么容易察觉到。夏天的时候，海面比较热，海底比较冷，海洋的营养物质都会被困在海底。而到了秋天，**海水会上下翻滚**，海底的营养物质就浮到海面上来啦。

要是天气不这么闷的话，我也会爱夏天的。

我爱夏天!

所有行星上都有季节变化吗？

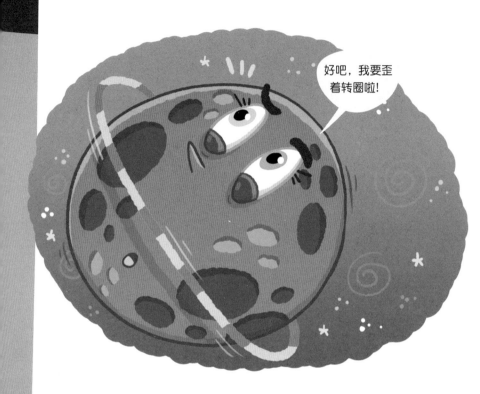

地球以一定的**倾斜角度**绕着地轴旋转，太阳系中的其他行星也是这样。然而，每个行星的倾斜程度都是不一样的。倾斜得越小，这个行星上的气候变化就越小，也就意味着季节越少。

为什么天气预报说要下雨，
结果却是大晴天？

想要预测会不会下雨是件非常**复杂**的事，因为它受太多因素影响，所以我们总是很难预测准。即使把世界上最强大的电脑拿过来，编好程序，让它来预测天气，结果依然会犯错。

温度计是干什么用的?
它是如何工作的?

温度计是用来**测量温度**的。通过测量温度,就可以知道你是不是在发烧,天气到底有多热,烤箱有没有达到我们需要的温度……有些温度计里面有一种**金属**,它会受温度的变化而膨胀(数值变大)或收缩(数值变小)。

什么是大气压？

空气是由好多种气体混合在一起形成的。每种气体都有重量，大气压是由于地球周围空气的重量而产生的。气体的种类和各自含量的多少，会使空气的总重量发生变化，我们可以根据这种变化预测接下来的天气情况。

什么是反气旋和气旋？

振作起来啊，气旋!

反气旋，你说得倒是容易。

在大气中，如果一片区域的中心气压高于四周气压，那里就会形成**反气旋**。相反的，如果中心气压低于四周气压，就会形成**气旋**。反气旋控制的区域，一般天气晴朗；气旋控制的区域，易出现**大风和暴雨**。

气象图是谁画的?

有些科学家是专门研究和预测天气的，他们就是**气象学家**。气象图就是他们绘制出来的。绘制气象图时，需要参考一些资料，比如卫星拍摄到的照片，以及从好多气象观测站接收到的信息。

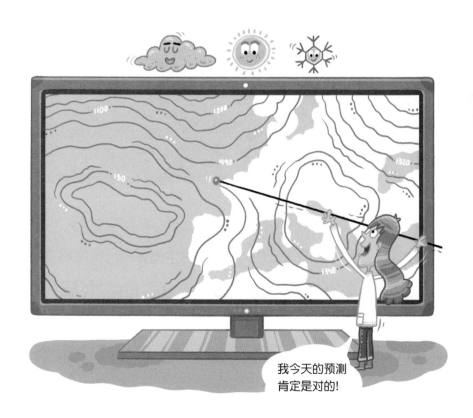

我今天的预测肯定是对的!

气象图中的符号
是什么意思？

环状线上各地区的气压相同。环状的中间会有一个字母"H"或"L"。"H"代表"**反气旋**"，"L"代表"**气旋**"。蓝色和红色的有凸起的线分别代表的是"冷锋"和"暖锋"，反气旋和气旋会在锋那里"撞在一起"，使天气变得更糟。

为什么我们春天长得快?

食物对我们多重要,**阳光**就对我们多重要。春天来了,我们的身体接收到**更多的阳光**,身体内部开始发生"巨大的变化",你生长得也更快了。对于许多动物来说,春天还是它们生下幼崽的时候。可是,春天的节奏太快了,可能会令我们感到累,想睡觉⋯⋯

天哪!我又长个子啦!

动物和植物是怎么知道春天来了的?

阳光那么好,我却在这儿工作!

春天来了,动物和植物接收到的光照时间变长了,它们身体内部会发生变化,生殖系统也会受到影响。光照真的非常重要!我们来做个小实验。如果你用灯光延长母鸡接受光照的时间,它会产下更多的鸡蛋!

为什么很多动物都在
春天生崽?

对于动物们来说,春天里的**食物**比冬天更多,植物开花啦,猎物也更多啦……爸爸妈妈可以更容易地为幼崽找到食物。而且春天里,幼崽们其实不需要吃那么多,因为天气不冷,它们不需要消耗更多的食物去对抗寒冷。

今天有什么
好吃的呀?

要什么有
什么!

为什么夏天苍蝇那么多？

苍蝇是一种**季节性繁殖**的动物。在冬天，人们很少见到苍蝇。一到夏天，我们就能看到它们到处乱飞。一只雌性苍蝇一生最多可以产下800个卵！虽然其中发育而成的大多数幼体无法存活，但存活下来的数量也够多了。

想我们了没？

20

为什么秋天和冬天
容易得流感?

我是病毒,
我可怕吗?

夏天的高温可以杀死流感病毒,所以在夏天,流感病毒较少,我们不容易得流感。但是到了秋天和冬天,**气温变低**,病毒比较活跃,加上机体抵抗力下降,人们就更容易得流感。

地球上的最高温度
能达到多少?

人们曾经以为,地球上的最高温度出现在1922年非洲的利比亚,达到了58℃。但它被误测了,当时的温度实际上只有51℃。真正的最高温度纪录是56.7℃,出现在1913年,地点在北美洲的沙漠"死亡谷"。

死亡谷

人类可以忍受的最高和最低温度是多少？

我们的身体可以在一段时间内承受外界 45℃ 左右的高温，所以想去死亡谷度假的话，可要三思而后行啊！至于最低温，如果穿得足够厚，你可以忍受零下几十摄氏度的严寒。

为什么每个季节都会有丰富的水果？

大多数果树是在**春天**结果，夏天和秋天成熟；有少数是在冬天结果，春夏成熟。而且有些水果能比其他水果保存更长时间。卖家会将这些水果放在**大冰箱**里，留到冬天卖，还会从正在过夏天的国家把当地的水果**运过来**卖。

这天气可一点都不好！

唉……

24

树叶为什么会在秋天变色？

树叶中含有大量的**叶绿素**，这种物质使树叶呈现绿色。秋天和冬天，由于光照时间减少，气温降低，树叶含有的叶绿素**减少**，而其他色素使叶子呈现黄色或红色。

秋天的我
多美啊!

为什么有的树会在秋天掉光叶子？

叶子吸收阳光，为树木制造养料，与此同时，它们需要很多的**水分**。冬天的时候，阳光较少，有的树不需要那么多叶子，所以就让叶子掉下去，以此来节约水分。这样的树叫**落叶树**。

为什么有的树永远不掉光叶子？

有的树永远不掉光叶子，比如松树，这是因为它们的**树叶非常小**，需要的水分要少得多。所以，这些树木不需要依靠失去叶子来节约水分。这样的树被称为**常绿树**。

云为什么有
各种各样的形状？

高积云

高层云

云实在是**太轻了**，轻到被**风**一吹就会变换形状。这就好比用吹风机去吹一个个的棉花糖。此外，云所在的高度也会影响到它们的形状。

每种云都有自己的名字吗？

卷云

是的。请看图中的例子，都是些多么奇怪的名字啊！

积雨云

积云

雨层云

所有的云都在天上吗?

你想在云中穿行?好吧,你只需要等到一个有薄雾的日子。这时候,水滴或冰晶混合在空气中,人站在地面上就如同置身云间!唯一的区别是:薄雾中的水滴没有云中那么多,而且它们不在天上,而是停留在地面附近的空气中。

为什么有的云是灰色的?

这是因为有些云中的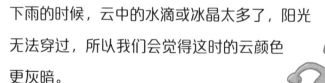水滴或冰晶比其他云中的多。快要下雨的时候，云中的水滴或冰晶太多了，阳光无法穿过，所以我们会觉得这时的云颜色更灰暗。

为什么会下雨？

我们一起跳下去吧!

空气中含有水汽（水蒸气）。**水汽**在温度较高时会上升，遇冷后就凝结成**水滴**。当水滴的**重量太大**时，就会一起掉落下来，就下雨啦。这时候，你可不要忘记带伞哟!

雨滴下落的速度与什么有关？

最后一个落地的
请我们喝饮料!

雨滴下落的速度与它们的**大小**有关。雨滴**越大**，下落得就**越快**。有时甚至比你骑自行车还快!

龙卷风能让奶牛飞起来吗?

西方有句俗语,"最猛烈的龙卷风也没法让奶牛飞起来"。但实际上,龙卷风可以把**摩天大楼**拦腰折断,也能把**汽车**吹跑。一辆汽车可比一头奶牛重!所以咱们最好别再说什么"等哪天奶牛飞起来了我再去……",因为奶牛是真的能飞起来的哟。

34

天上能下动物吗?

能，但非常罕见。龙卷风可以把一片池塘（连带着里面的鱼）"吸起来"，把它们带到很高的**空中**。接着，龙卷风带着这些鱼在空中穿行，直到某一刻，让它们**重新掉回**地上。这时候，你不用去超市就能得到鱼啦!

为什么有的时候下的不是水，
而是泥呢？

风能走很远的距离，它像游客一样，经过哪里，就把哪里的特产带在身上，比如**沙漠中的尘土**。风将带着尘土走上数千千米，下雨时，尘土就会以泥浆的形式落下来。

我向你要来自沙漠的特产，本以为只是几粒沙子呢!

彩虹是怎么形成的?

今天我要当个画家!

雨后的空气中有很多水滴,当太阳光照射到这些水滴时,水滴就像一个个三棱镜,它们会将光分散成七种基本颜色:红色、橙色、黄色、绿色、蓝色、靛蓝和紫色。

冰雹从哪里来?

如果积雨云遇到较冷的气流时，其中的水滴就会变成**小冰球**。小冰球太重时，就是冰雹了。冰球在云中停留的时间越长，就变得越大。

你穿成这样，是要去哪儿啊?

地球上哪里的雨最猛烈？

猛烈的雨世界各地都有。但在**亚洲**的东部和南部地区，由于受**夏季风**的影响明显，降雨非常猛烈，造成的破坏极其严重。

要是没下这么大的雨，我们就能一起玩了。

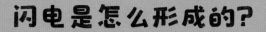

闪电是怎么形成的？

一朵云就像一个巨大的电池，云中的水会产生**电荷**；而大地也有电荷。有时候，大地的电荷会吸引云中的电荷，云中的电荷就会以闪电的形式落到地上。

下雨天千万不能在树下躲雨啊！

为什么闪电时会伴随着很大的雷声？

闪电会让周围的空气迅速变热、体积膨胀，瞬间被**加热膨胀**的空气会**推挤**周围的空气。这一切发生得实在太快了，以至于会产生**巨大的爆炸声**——雷声。

为什么会刮风？

风是一种空气流动现象。大自然总是想让冷、热两种温度保持平衡。比如空气，有些区域的**空气是热的**，而其他一些区域的**空气是冷的**，空气就会从一个区域流动到另一个区域，这样就形成了风。

风为什么会发出呼呼声？

你可以想象一下，自己正在吹长笛，空气通过长笛上的小洞时会**振动**，从而发出声音。风的呼呼声也是这么来的，每当遇到阻挡自己前进的**障碍物**时，风也会使空气振动，发出声音。

听到了吗？风好像也会吹笛子呢!

为什么有些动物
会冬眠？

对于动物来说，保持体温需要消耗大量能量。冬眠是它们**节约能量**的一种方式。天气寒冷的时候，因为没有足够的食物，一些动物体温下降，边睡觉边等待春天到来。

冬眠时间最长的是
哪种动物？

睡鼠一年中冬眠的时间比清醒的时间要长得多，它们一年能冬眠**9个月**。除了睡鼠，常见的需要冬眠的动物还有熊、土拨鼠和刺猬。

简直没法和他们聊一段完整的天。

飓风是怎么形成的？

飓风是一种巨大的风暴，它可以形成直径几百千米甚至 1000千米以上的圆圈。它生成于海洋，因为那里暖湿的水汽可以充当它的"燃料"。飓风的形状一般像一个巨大的陀螺，这是地球自转造成的。

谁说坐船去更安全来着？

为什么越高的地方
越寒冷呢?

太阳光穿透大气到达地面,地面温度上升,散发热量。热量**通过空气上升**,但升得越高,损失的热量就越多。在一定高度范围内,每上升100米,温度会降低0.6℃左右。

我本来以为,我们离太阳更近,应该感到更暖和才对。

什么是北极光？

太阳不仅向我们传递光和热，还向我们输送一些高速带电粒子。这些高速运行的带电粒子进入南北极附近的大气层时，会与大气中的粒子相互碰撞，产生极光。出现在北半球的叫北极光。北极光的颜色十分丰富，常带红色、绿色等色彩。

看到了吧，儿子？多漂亮啊，这在热带可看不到啊！

哪里可以看到北极光?

越往**北**越好，所以理想的观看地是美国的阿拉斯加、芬兰、冰岛、挪威、俄罗斯……

为什么会下雪？

实际上，雪花是极其细小的**晶体**。当温度低于0℃时，云中的水滴因**寒冷**而结冰，形成了这些晶体。有时候，雪在降落途中，也就是落到地面之前就融化了一部分，会形成雨夹雪。

我们来看看体温计怎么用……现在已经低于0℃了吗？

所有的雪花都一样吗?

等等，我们好像在哪儿见过……

大多数雪花都有**六个角**，但没有两片雪花形状是完全相同的。当然啦，它们的形状看上去都挺相似的。

你真的有可能在沙漠里冻僵吗？

由于沙漠上空云量少，加上几乎没有植被，太阳光线不受什么阻碍就到达地面，因此白天的沙漠非常炎热。但到了晚上，情况正好相反，同样由于没什么植被进行阻挡，**热量都跑光了**，因此气温可以降到0℃以下，此时在沙漠中有可能会被冻僵。

作为这里少数的几个居民之一，我从来不知道该穿什么！

什么是全球变暖?

没错，这是个非常严重的问题！但把工厂的烟囱都塞住可不是办法！

近些年来，地球上的**温度**正在**不断上升**。这导致北极和南极地区的冰川融化、海平面上升，进而给地球带来糟糕的后果。温度上升与人类活动有关。

什么是臭氧层？

太阳光中含有紫外线，过度照射紫外线会伤害我们的皮肤和眼睛。对于紫外线，地球有一种**自然防御**的办法：距离地球表面大约20千米高的地方有一层厚厚的臭氧层，它环绕着地球，能够吸收一部分紫外线，让它们无法照射到我们身上。

保护臭氧层，
刻不容缓。

臭氧层正在消失吗?

冰箱和空调排出的一些气体会"吃掉"臭氧层,吃得还真不少,把臭氧层弄出了**巨大的洞**。它的面积比美国还大得多!幸运的是,由于我们人类正在减少使用这些有害气体,被破坏的臭氧层正在慢慢恢复。

哎呀!我的斗篷上也有个洞呢。

55

为什么有时候海滩上到处都是海藻？

海洋中定期涨落的潮水就像搬运工一样，将海藻等水生植物带到海滩上。这些植物被游泳的人讨厌，却是鸟类和其他动物的食物。

为什么会有污染？

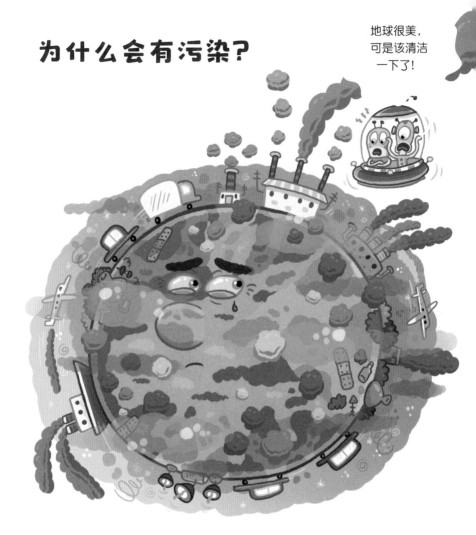

地球很美，可是该清洁一下了！

就像你的家里会产生垃圾一样，工业排放以及人口的增加也会制造出大量的**废弃物**。它们会对海洋、土壤、空气等带来不好的影响。所以尽可能减少污染对我们来说非常重要。

每年有多少动物消失?

它们已经消失了,难道不是一种遗憾吗?

渡渡鸟
于17世纪灭绝

没办法知道确切的数字是多少,但据估计每天有**上百种**动植物永远从地球上消失。这个速度太快了。而且在多数情况下,它们消失的原因是人类行为。

动物为什么会消失？

有好多个原因，一些是自然原因，另一些是人类行为的影响，比如人口增长。随着人类资源消耗不断增加，**动物的栖息地**不断遭受破坏，动物的生存也变得越来越困难。

你们不断向我扔垃圾，
我只好撤了！

我想救救动物们，
能做些什么呢？

其实多数人还是很友善的!

人类有时会威胁到动物的生存。但如果我们好好想办法保护它们，许多物种是可以得救的。世界各地都有很多专门为保护动物而设立的**组织**，当发现动物受伤时，可以与这些组织联系。

我能为拯救世界
出一份力吗?

下面这些小事你很容易就能做到:不浪费水和电;少制造垃圾;能再用的东西就重复使用;做好垃圾分类,便于回收利用;出行时尽量多骑自行车或乘坐公共交通工具……这样你就可以为拯救世界出一份力了!是不是感觉很骄傲呢?

一定要记住,这个球形的房子是我们共同的家。好好照顾它,好吗?